tig
lie

en
cht

e

# Was möchtest du anbauen?

Die Gemüse, Früchte, Kräuter und Blumen in diesem Kartenset haben wir in **7 Gruppen** eingeteilt, die du anhand der unterschiedlichen **Hintergrundfarben** unterscheiden kannst. So findest du dich schnell zurecht.

- Fruchtgemüse & Früchte
- Wurzeln & Knollen
- Blattgemüse
- Stängelgemüse
- Kohlgemüse
- Hülsenfrüchte
- Kräuter & Blumen

*Tipp!*

Manchmal findest du 2 Pflanzen auf einer Karte – das bedeutet, dass sich beide in ihren Bedürfnissen sehr stark ähneln. Die Infos auf der Karte gelten dann immer für beide Arten:

→ Paprika & Peperoni
→ Radieschen & Rettich
→ Zwiebel & Schalotte
→ Blumenkohl & Brokkoli
→ Weiß- & Rotkohl
→ Stangen- & Buschbohne

KOSMOS

# Lauch liebt Karotte

Schnell & einfach geniale Gemüsebeete planen

Mehr entdecken, mehr verstehen
DAS KOSMOS VERSPRECHEN
Expertenwissen seit 1822

Hiram Brömme
Eric Merlin Bola

# So sehen die Karten aus

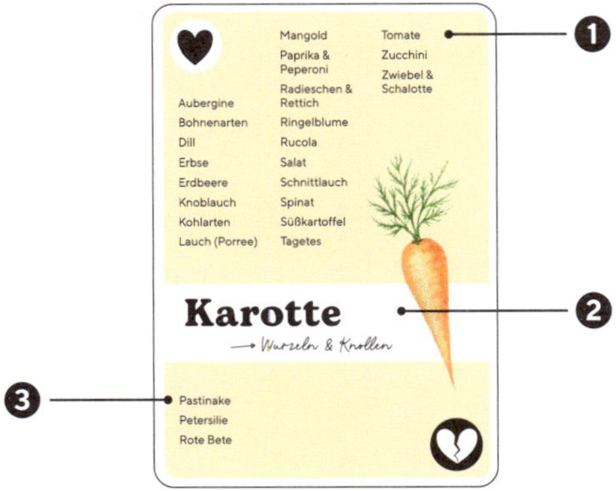


❶ Im oberen Teil jeder Karte findest du alle **guten Beetnachbarn** für die Pflanze, die auf der Karte abgebildet ist.

❷ In der Mitte der Karte findest du den **Namen der Pflanze** und den **Namen der Gruppe.**

❸ Im unteren Teil jeder Karte findest du alle **schlechten Beetnachbarn** für die Pflanze. Bei manchen Pflanzen ist der untere Bereich **leer**. Das bedeutet, dass es keine schlechten Pflanzpartner gibt - Volltreffer!

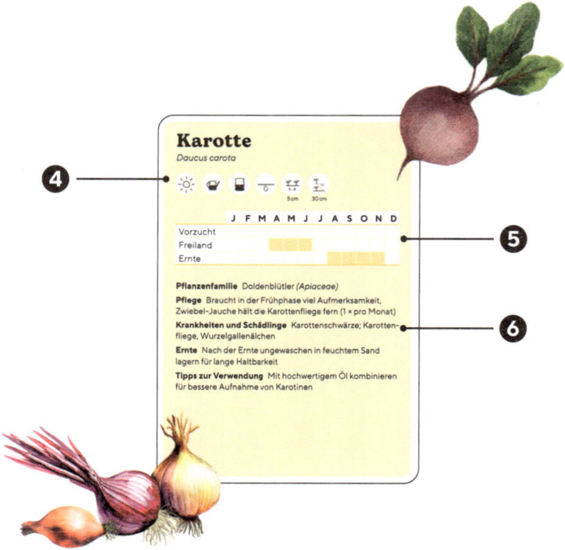


❹ Im oberen Teil der Karte bekommst du einen schnellen Überblick über die Bedürfnisse der Pflanze:

- Symbole für **Lichtbedarf, Wasserbedarf, Nährstoffbedarf** und **Keimverhalten** – die absoluten Basics für gutes Wachstum. Eine genaue Erklärung der Symbole findest du auf den Seiten 8 bis 10.
- Information zum **Pflanz- und Reihenabstand**

❺ In der Mitte der Karte findest du den Aussaatkalender:

- „**Vorzucht**" bedeutet, dass du die Pflanzen in diesen Monaten im Haus aussäen kannst.
- „**Freiland**" bedeutet, dass du die Pflanzen in diesen Monaten ins Freie pflanzen oder direkt im Beet aussäen kannst.
- „**Ernte**" gibt dir einen ersten Anhaltspunkt, wann geerntet werden kann. Die Hinweise weiter unten auf den Karten helfen dir zusätzlich, den perfekten Erntezeitpunkt zu finden.

❻ Im unteren Teil der Karte findest du weitere Informationen über die Pflanze:

- **Pflanzenfamilie:** Pflanzen, die zur gleichen Familie gehören, haben oft Gemeinsamkeiten.
- **Pflege:** Hier findest du zusätzliche Infos, die dir beim erfolgreichen Anbau helfen.
- **Krankheiten und Schädlinge:** Deiner Pflanze geht es nicht so gut? Diese Kategorie listet typische und häufige Probleme auf. Ein Blick darauf gibt dir erste Hinweise darauf, was nicht in Ordnung sein könnte.
- **Ernte:** Hier findest du Tipps zum richtigen Erntezeitpunkt und zur optimalen Lagerung.
- **Tipps zur Verwendung:** Z. B. in der Küche

# Die Symbole auf deinen Karten

**Hoher Lichtbedarf** – Braucht viele Sonnenstunden am Tag, Hochsommer ist die Lieblingszeit im Jahr

**Mittlerer Lichtbedarf** – Braucht nur wenige volle Sonnenstunden pro Tag und fühlt sich im Halbschatten am wohlsten

**Niedriger Lichtbedarf** – Möglichst vor direkter Sonne schützen und dort hinpflanzen, wo größere Pflanzen im Lauf des Tages ihren Schatten hinwerfen

**Hoher Wasserbedarf** - Reichliches Gießen gewünscht (alle 2 bis 3 Tage), wandelt viel Wasser in viel Nährwert um

**Mittlerer Wasserbedarf** - Außerhalb des Hochsommers und bei gesunden Böden reicht wöchentliches Gießen aus. Bei Anzeichen von „Durst" (z. B. schlaffen, hängenden Blättern) häufiger gießen.

**Niedriger Wasserbedarf** - Kommt häufig ohne zusätzliche Bewässerung aus, kann unter zu häufigem Gießen sogar leiden

**Starkzehrer** - Zieht viele Nährstoffe aus dem Boden, kann für maximalen Ertrag mehrere Male zusätzlichen Dünger in einer Wachstumsphase benötigen

**Mittelzehrer** - Zieht mäßig viele Nährstoffe aus dem Boden, einmalige Düngung pro Wachstumsphase ist üblicherweise genug. Erzielt auch ohne Düngung gute Erträge.

**Schwachzehrer** - Zieht wenige Nährstoffe aus dem Boden, braucht keine extra Düngung und leidet sogar unter zu vielen Nährstoffen

**Lichtkeimer** – Samen brauchen Licht zum Keimen, sollten auf der Erdoberfläche liegen (vorsichtig andrücken) oder nur leicht zwischen Erdkrümeln versteckt sein

**Dunkelkeimer** – Samen keimt ohne Licht, sollte mit Erde bedeckt sein. Eine gute Daumenregel: Setze Samen doppelt so tief in die Erde, wie der Samen groß ist. Bei sehr feinen Samen ist das natürlich schwierig: Hier machst du die Erdschicht einfach so dünn, wie du kannst.

10 cm

**Pflanzabstand** – Der Abstand zwischen zwei Pflanzen der gleichen Sorte in der gleichen Reihe, gibt den Pflanzen Raum zum Wachsen

10 cm

**Reihenabstand** – Der Abstand zwischen zwei Reihen von Pflanzen der gleichen Sorte, gibt Raum für Windzug zwischen den Reihen

# Basics für den Gemüseanbau

## Gießen

Regelmäßiges Gießen ist wichtig für eine reiche Ernte. Insbesondere frisch ausgesäte Samen und junge Pflanzen solltest du feucht halten. Gieße nicht um die Mittagszeit, sondern in den kühleren Morgen- und Abendstunden. Forme kleine Gießmulden rings um die Pflanzen, damit das Wasser besser an die Wurzeln gelangt.

Tolle Gießhelfer sind sogenannte „Ollas" (Olla ist das spanische Wort für Topf). Das sind wasserdurchlässige Tongefäße, die im Beet eingegraben und mit Wasser gefüllt werden. Sie geben das Wasser langsam an den Boden ab. Pro Quadratmeter Beetfläche brauchst du Ollas mit einem Fassungsvermögen von insgesamt etwa 7 Litern. Einer der besten Wasserspartricks ist jedoch das Mulchen!

## Mulchen ist das Zauberwort

Mulchen bedeutet, dass der Boden mit pflanzlichem Material bedeckt wird. Das schützt den Boden vor Trockenheit, Hitze und Kälte und fördert Bodenlebewesen, die sich vom Mulch ernähren und wertvollen Humus bilden. Zum Mulchen kannst du z. B. Rasenschnitt oder Laub verwenden, aber auch Ernteabfälle und ausgezupftes Unkraut (sofern es noch keine Samen gebildet hat).

**Pflanzabstände beachten**
Achte unbedingt auf die Pflanzabstände, die dir die Karten vorgeben. Am Anfang sieht dein Beet sehr leer aus, aber glaube uns, die Pflanzen werden wachsen! Sollten Pflanzen doch einmal zu eng stehen, zupfe die schwächeren Pflanzen heraus. Radieschen, Möhren und viele andere Pflanzen kannst du auch als Mini-Variante essen, z.B. auf einem frischen Butterbrot.
Zu viel Platz sollte aber auch nicht zwischen deinen Pflanzen sein. Je weniger Boden freiliegt, desto weniger Wasser verdunstet und desto weniger hat Unkraut eine Chance. Die Natur lässt keine kahlen Stellen - sie ist das beste Vorbild für dein Gemüsebeet!

**Gleiche Familie = ähnliche Schädlinge**
Auf den Karten kannst du gute und schlechte Pflanzpartner auf einen Blick erkennen. Wenn du Arten in dein Beet einziehen lassen willst, die nicht im Set enthalten sind, setze sie neben Arten aus anderen Pflanzenfamilien. Denn Pflanzen aus der gleichen Familie sind oft anfällig für die gleichen Krankheiten und Schädlinge. Die Info zur jeweiligen Pflanzenfamilie findest du auf den Kartenrückseiten!

**Fruchtfolge – was ist das?**
Verschiedene Pflanzen haben einen unterschiedlich hohen Nährstoffbedarf. Zum einen unterscheidet sich die Menge an Nährstoffen, die eine Pflanze aus dem Boden zieht (siehe Stark-, Mittel- und Schwachzehrer), zum anderen aber auch die Art der Nährstoffe. Wenn du an der gleichen Stelle immer wieder die gleiche Pflanze oder Pflanzenfamilie anbaust, werden die von dieser Pflanze benötigten Nährstoffe bald verbraucht sein. Zudem werden die Pflanzen immer anfälliger für Schädlinge und Krankheiten.

Eine vereinfachte Regel sieht so aus:

**1. Jahr: Starkzehrer** (Kürbis, Tomate, ...)

**2. Jahr: Mittelzehrer** (Karotte, Fenchel, ...)

**3. Jahr: Schwachzehrer** (Salat, Radieschen, ...)

**4. Jahr: Gründüngung** Leguminosen wie Lupine oder Klee sammeln Stickstoff und werden als Mulch auf dem Beet liegen gelassen.

Wenn du schon weißt, dass dein Boden sehr nährstoffarm ist, kannst du auch im ersten Jahr mit der Gründüngung beginnen und währenddessen z.B. einige Gemüsearten in Töpfen und Kübeln anbauen.

**Samen selbst ernten**

Das ist nicht schwierig. Bei Fruchtgemüse befinden sich die Samen in den Früchten, bei den anderen Pflanzengruppen darfst du nicht alles ernten, sondern musst mindestens eine Pflanze stehen lassen, damit sie später blüht und Samen bildet. Generell solltest du die Samen aus denjenigen Pflanzen gewinnen, die gut und stark gewachsen sind.

## TIPPS ZUM WEITERLESEN

Otmar Diez (2021): **Es geht auch einfach!** Gärtnern für Selbstversorger mit wenig Zeit und wenig Platz. Mit praktischen Rahmenbeeten.

Otmar Diez (2022): **Was mache ich wann im Gemüsegarten?** Bild für Bild durchs Gemüseleben. Aussaat, Pflanzung & Ernte auf einen Blick.

Carolin Engwert (2020): **Abenteuer Garten.** Mein erstes Jahr im Schrebergarten. Das Anfängerbuch für alle Kleingärtner.

Anja Klein (2022): **Hochbeet – Was mache ich wann?** Ernteglück das ganze Jahr. Musterbeete mit optimalen Kombinationen.

Ortrud Grieb (2022): **Wer kann mit wem im Beet?** Die besten Partner – pflegeleicht und ökologisch. Mit 20 Musterbeeten zum Nachpflanzen.

*Alle Bücher von Kosmos.*

Online-Tipp: **fryd.app**
App für Mischkultur und Beetplanung mit vielen weiteren Infos, Tipps und Ideen auf der Website.

## BILDNACHWEIS

26 Illustrationen wurden von Tanja Donner, Riedlingen für dieses Kartenset angefertigt: Blumenkohl, Stangen- & Buschbohne, Bohnenkraut, Brokkoli, Dill, Erdbeeren, Feldsalat, Fenchel, Gurke, Weiß- & Rotkohl, Mangold, Paprika & Pepperoni, Pastinake, Petersilie, Ackerbohne, Radieschen & Rettich, Rhabarber, Ringelblume, Rucola, Schnittlauch, Sellerie, Spinat, Stangensellerie, Süßkartoffeln, Tagetes, Zwiebeln

Alle anderen Illustrationen von: shutterstock.com/Elena_Medvedeva

## DANKSAGUNG VON HIRAM BRÖMME

Danke an *Baba* für all seine Unterstützung!

## IMPRESSUM

Verpackungsgestaltung: Katrin Kleinschrot, Stuttgart unter Verwendung eines Fotos von shutterstock.com/Elena_Medvedeva

> Der Inhalt dieses Buches ist sorgfältig recherchiert und erarbeitet worden. Dennoch können weder Autoren noch Verlag für alle Angaben im Buch eine Haftung übernehmen.

Unser gesamtes Programm findest du unter **kosmos.de.**
Über Neuigkeiten informieren dich regelmäßig unsere Newsletter, einfach anmelden unter **kosmos.de/newsletter**

Gedruckt auf chlorfrei gebleichtem Papier.


ISBN 978-3-440-17985-7
Projektleitung und Redaktion: Kristin Albert
Gestaltung und Satz: Katrin Kleinschrot, Stuttgart
Produktion: Klaus Jost
Druck und Bindung: Longo AG, Bozen
Printed in Italy / Imprimé en Italie

FSC
www.fsc.org
MIX
Papier | Fördert gute Waldnutzung
FSC® C023164

Basilikum

Feldsalat

Knoblauch

Lauch (Porree)

Karotte

Petersilie

Radieschen & Rettich

Ringelblume

Rote Bete

Rucola

Salat

Schnittlauch

Spinat

Tagetes

Zwiebel & Schalotte

# Erdbeere

→ *Fruchtgemüse & Früchte*

Kohlarten

# Erdbeere

*Fragaria × ananassa*

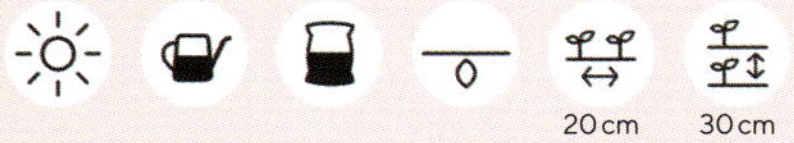


| | J | F | M | A | M | J | J | A | S | O | N | D |
|---|---|---|---|---|---|---|---|---|---|---|---|---|
| Vorzucht | | ■ | ■ | ■ | ■ | | | | | | | |
| Freiland | | | ■ | ■ | ■ | ■ | | | | | | |
| Ernte | | | | | ■ | ■ | ■ | ■ | ■ | ■ | | |

**Pflanzenfamilie** Rosengewächse *(Rosaceae)*

**Pflege** Ab Mai trockenen Mulch zwischen den Pflanzen verteilen - als milden Schutz vor Nässe, Grauschimmel und Unkraut-Konkurrenz

**Krankheiten und Schädlinge** Grauschimmel, Rotfleckenkrankheit, Schwarzfleckenkrankheit; Erdbeerblütenstecher, Wurzelgallenälchen

**Ernte** Beim Ernten den kleinen Blattkranz an den Früchten lassen und Druckstellen vermeiden

**Tipps zur Verwendung** Bleiben ungewaschen länger frisch. Beim Waschen nicht lang im Wasser liegen lassen, sonst quellen sie schnell auf und verlieren ihr Aroma.

Basilikum
Bohnenarten
Dill
Erbse
Fenchel
Knoblauch
Kohlarten
Lauch (Porree)
Mais
Paprika & Peperoni
Petersilie
Ringelblume
Rote Bete
Salat
Schnittlauch
Selleriearten
Spinat
Tagetes
Zwiebel & Schalotte

# Gurke

→ *Fruchtgemüse & Früchte*

Aubergine
Kartoffel
Kürbis
Radieschen & Rettich
Süßkartoffel
Tomate
Zucchini

# Gurke

*Cucumis sativus*

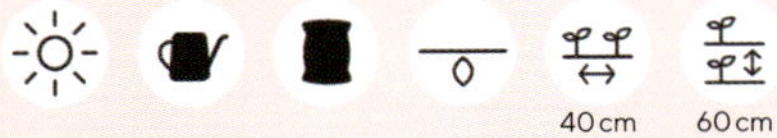


| | J | F | M | A | M | J | J | A | S | O | N | D |
|---|---|---|---|---|---|---|---|---|---|---|---|---|
| Vorzucht | | | ■ | ■ | ■ | | | | | | | |
| Freiland | | | | | ■ | ■ | | | | | | |
| Ernte | | | | | | ■ | ■ | ■ | ■ | ■ | | |

**Pflanzenfamilie** Kürbisgewächse *(Cucurbitaceae)*

**Pflege** Samen mit der spitzen Seite in die Erde stecken. Erst nach dem letzten Frost ins Freie pflanzen. Maximal 2 Jahre nacheinander auf der gleichen Fläche anbauen und dann 3 bis 4 Jahre pausieren. Nach Gurke keine anderen Kürbisgewächse pflanzen (siehe Pflanzenfamilie).

**Krankheiten und Schädlinge** Brennfleckenkrankheit, Echter & Falscher Mehltau, Eckige Blattfleckenkrankheit, Fusariose, Grauschimmel, Stängelfäule, Weichfäule, Wurzelfäule; Blattläuse, Gemeine Wiesenwanze, Minierfliege, Raupen, Spinnmilben, Thripse, Weiße Fliege

**Ernte** Trocken- und Hitzestress vermeiden, sonst können Gurken Bitterstoffe bilden. Regelmäßiges Ernten erhöht den Ertrag und fördert neue Blütenbildung.

**Tipps zur Verwendung** Gurken hobeln und durch ein Sieb abtropfen lassen, das verbessert das Aroma

Basilikum

Bohnenarten

Erbse

Mais

Ringelblume

Salat

# Kürbis

→ *Fruchtgemüse & Früchte*

andere Kürbisarten

Dill

Gurke

Kartoffel

Süßkartoffel

Zucchini

Zwiebel & Schalotte

# Kürbis

*Cucurbita* spec.

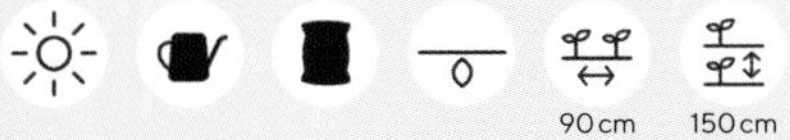


| | J | F | M | A | M | J | J | A | S | O | N | D |
|---|---|---|---|---|---|---|---|---|---|---|---|---|
| Vorzucht | | | | ■ | ■ | | | | | | | |
| Freiland | | | | | ■ | ■ | ■ | | | | | |
| Ernte | | | | | | | | ■ | ■ | ■ | ■ | |

**Pflanzenfamilie** Kürbisgewächse *(Cucurbitaceae)*

**Pflege** Samen mit der spitzen Seite in die Erde stecken. Kälteempfindlich – bei unter 5 °C mit Vlies abdecken. Kann über viele Quadratmeter ranken – schau dich nach kompakt wachsenden Sorten (z. B. „Solor“) um, wenn du wenig Platz hast.

**Krankheiten und Schädlinge** Echter & Falscher Mehltau; Schnecken

**Ernte** Erst ernten, wenn der Stängel verholzt und sich relativ leicht löst

**Tipps zur Verwendung** Kann in Ofen oder Topf leicht vorgegart werden und ist dann einfacher zu schneiden. Weniger bekannt ist, dass Kürbis auch roh gegessen werden kann. Vor dem Zubereiten ein kleines Stück probieren: Wenn der Kürbis bitter schmeckt hat er Giftstoffe entwickelt und kann nicht gegessen werden.

♥

Basilikum
Bohnenarten
Bohnenkraut
Dill
Gurke
Knoblauch
Kohlarten
Karotte
Petersilie
Ringelblume
Rucola
Salat
Tagetes
Zwiebel & Schalotte

# Paprika & Peperoni

→ *Fruchtgemüse & Früchte*

Aubergine
Erbse
Fenchel
Kartoffel
Rote Bete
Sellerearten
Tomate

# Paprika & Peperoni

*Capsicum annuum*

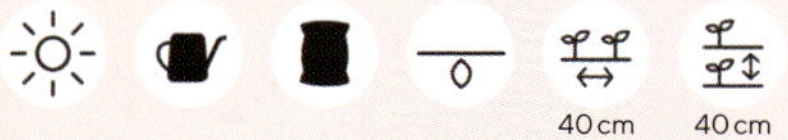


| | J | F | M | A | M | J | J | A | S | O | N | D |
|---|---|---|---|---|---|---|---|---|---|---|---|---|
| Vorzucht | | ■ | ■ | ■ | | | | | | | | |
| Freiland | | | | | ■ | ■ | ■ | | | | | |
| Ernte | | | | | | | | ■ | ■ | ■ | | |

**Pflanzenfamilie** Nachtschattengewächse *(Solanaceae)*

**Pflege** Samen einen Tag vor der Aussaat in lauwarmem Kamillentee einweichen. Für eine reichere Ernte die erste Blüte entfernen. Den höchsten Ertrag erhältst du bei im Haus überwinterten Pflanzen, 2 bis 3 Jahre nach der Pflanzung (nicht winterfest).

**Krankheiten und Schädlinge** Blütenendfäule, Dürrfleckenkrankheit, Grauschimmel, Rotfleckenkrankheit, Schwarzfleckenkrankheit

**Ernte** Früchte mit einer Schere oder einem scharfen Messer von der Pflanze trennen. Bis zum ersten Frost kann geerntet werden. Unreife Paprika reifen an einem warmen Platz im Haus nach.

**Tipps zur Verwendung** Nicht zu lang oder heiß zubereiten, kann sonst Bitterstoffe bilden. Roh verzehrt wirkt Paprika kühlend auf den Körper.

Bohnenarten
Erbse
Gurke
Kartoffel
Kürbis
Ringelblume
Rucola
Spinat
Süßkartoffel
Zucchini

# Mais

→ *Fruchtgemüse & Früchte*

Aubergine
Erdbeere
Rote Bete
Selleriearten
Tomate

# Mais

*Zea mays*

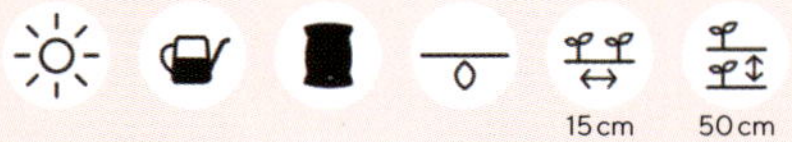


| | J | F | M | A | M | J | J | A | S | O | N | D |
|---|---|---|---|---|---|---|---|---|---|---|---|---|
| Vorzucht | | | X | X | | | | | | | | |
| Freiland | | | | | X | X | X | | | | | |
| Ernte | | | | | | | | X | X | | | |

**Pflanzenfamilie** Süßgräser *(Poaceae)*

**Pflege** Sehr frostempfindlich, Aussaat nach dem letzten Frost oder Vorzucht im Haus. Anhäufeln von Erde rings um den Stamm stabilisiert und fördert die Ausbildung von Stützwurzeln.

**Krankheiten und Schädlinge** keine

**Ernte** Erntereif, wenn das angeritzte Korn milchigen Saft austreten lässt

**Tipps zur Verwendung** Bereits ungewürzt lecker, kann aber noch mit Butter, Salz und Kräutern verfeinert werden. Milch im Kochwasser verbessert das Aroma, Salz erst danach zufügen, es lässt die Körner hart werden.

Basilikum

Bohnenarten

Dill

Erbse

Fenchel

Lauch (Porree)

Mais

Karotte

Petersilie

Ringelblume

Rote Bete

Salat

Selleriearten

Zwiebel & Schalotte

# Zucchini

→ *Fruchtgemüse & Früchte*

Gurke

Kartoffel

Kürbis

Radieschen & Rettich

Süßkartoffel

# Zucchini

*Cucurbita pepo* subsp. *pepo* convar. *Giromontiina*

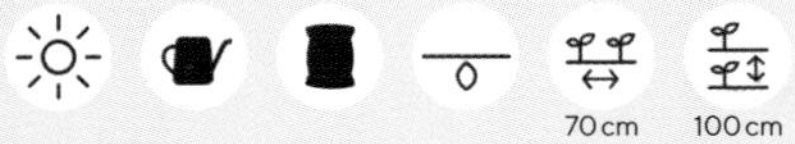


| | J | F | M | A | M | J | J | A | S | O | N | D |
|---|---|---|---|---|---|---|---|---|---|---|---|---|
| Vorzucht | | | | x | x | x | | | | | | |
| Freiland | | | | | x | x | x | x | | | | |
| Ernte | | | | | | | x | x | x | x | | |

**Pflanzenfamilie** Kürbisgewächse *(Cucurbitaceae)*

**Pflege** Samen mit der spitzen Seite in die Erde stecken. Leidet unter kühler und nasser Witterung.

**Krankheiten und Schädlinge** Echter Mehltau, Eckige Blattfleckenkrankheit, Grauschimmel, Weichfäule; Minierfliege, Spinnmilbe, Weiße Fliege

**Ernte** Üppige Ernte, Früchte von 4 bis 5 Pflanzen reichen für den Bedarf einer kleinen Familie. Erste Früchte relativ klein ernten für Stimulation weiteren Wachstums.

**Tipps zur Verwendung** Je kleiner und frischer, umso intensiver im Geschmack. Sehr vielseitig verwendbar: roh essen, dünsten, braten, schmoren, panieren, füllen oder überbacken.

Basilikum

Bohnenarten

Knoblauch

Kohlarten

Lauch (Porree)

Karotte

Pastinake

Petersilie

Radieschen & Rettich

Ringelblume

Rucola

Salat

Schnittlauch

Selleriearten

Spinat

Tagetes

Zwiebel & Schalotte

# Tomate

→ *Fruchtgemüse & Früchte*

Aubergine

Erbse

Fenchel

Gurke

Kartoffel

Mais

Paprika & Peperoni

Süßkartoffel

# Tomate

*Solanum lycopersicum*

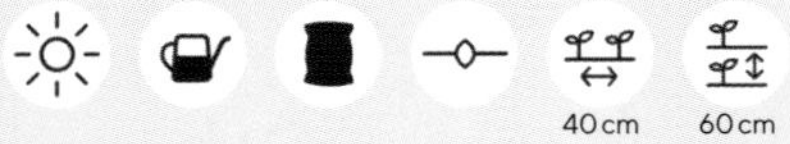


| | J | F | M | A | M | J | J | A | S | O | N | D |
|---|---|---|---|---|---|---|---|---|---|---|---|---|
| Vorzucht | | | ■ | ■ | ■ | | | | | | | |
| Freiland | | | | | ■ | ■ | ■ | | | | | |
| Ernte | | | | | | | ■ | ■ | ■ | ■ | | |

**Pflanzenfamilie** Nachtschattengewächse *(Solanaceae)*

**Pflege** Samen einen Tag vor der Aussaat in lauwarmem Kamillentee einweichen. Hoher Licht-, Wärme-, Wasser- und Nährstoffbedarf. Setzlinge für kräftiges Wurzelwerk besonders tief einpflanzen.

**Krankheiten und Schädlinge** Braunfäule, Dürrflecken-krankheit, Grauschimmel; Blattläuse, Spinnmilben, Thrips, Weiße Fliege

**Ernte** Morgens ernten für volles Aroma. Noch grüne Tomaten neben Äpfeln nachreifen lassen.

**Tipps zur Verwendung** Für volles Aroma dunkel und zimmerwarm lagern

Ringelblume

Rucola

Salat

Spinat

Wurzelsellerie

Basilikum

Bohnenarten

Kohlarten

Karotte

Radieschen & Rettich

# Aubergine

→ *Fruchtgemüse & Früchte*

Erbse

Fenchel

Gurke

Kartoffel

Paprika & Peperoni

Rote Bete

Süßkartoffel

Tomate

# Aubergine

*Solanum melongena*

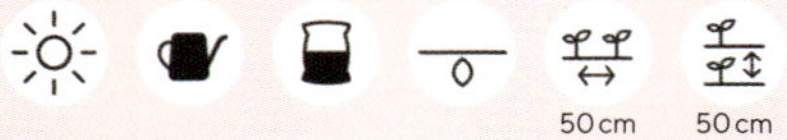


| | J | F | M | A | M | J | J | A | S | O | N | D |
|---|---|---|---|---|---|---|---|---|---|---|---|---|
| Vorzucht | | ■ | ■ | ■ | ■ | | | | | | | |
| Freiland | | | | | ■ | ■ | ■ | | | | | |
| Ernte | | | | | | | ■ | ■ | ■ | ■ | | |

**Pflanzenfamilie** Nachtschattengewächse *(Solanaceae)*

**Pflege** Für eine reichere Ernte die erste Blüte und schwächere Seitentriebe entfernen, nur zwei bis drei Haupttriebe bleiben stehen. So bleibt der Pflanze mehr Energie für die Versorgung der Früchte.

**Krankheiten und Schädlinge** Dürrfleckenkrankheit, Grauschimmel; Blattläuse, Weiße Fliege

**Ernte** Ein voller Farbton signalisiert die Erntezeit, das Fruchtfleisch sollte nicht mehr grün sein.

**Tipps zur Verwendung** Wenn die Auberginen eine grünliche Haut aufweisen, solltest du sie nicht roh verzehren.

Rucola

Salat

Selleriearten

Zucchini

Basilikum

Erbse

Feldsalat

Gurke

Lauch (Porree)

Ringelblume

# Fenchel

→ *Wurzeln & Knollen*

Aubergine

Bohnenarten

Dill

Kohlarten

Paprika & Peperoni

Pastinake

Petersilie

Tomate

Kartoffel

# Fenchel

*Foeniculum vulgare*

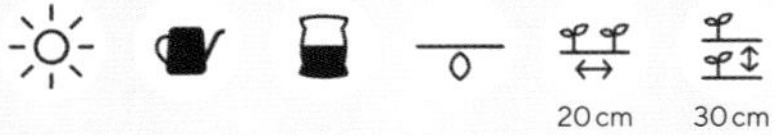


| | J | F | M | A | M | J | J | A | S | O | N | D |
|---|---|---|---|---|---|---|---|---|---|---|---|---|
| Vorzucht | | | ■ | ■ | ■ | ■ | ■ | | | | | |
| Freiland | | | | ■ | ■ | ■ | ■ | ■ | | | | |
| Ernte | | | | | | ■ | ■ | ■ | ■ | ■ | ■ | ■ |

**Pflanzenfamilie** Doldenblütler *(Apiaceae)*

**Pflege** Laub um die Knolle schützt vor Kälteschäden im Herbst

**Krankheiten und Schädlinge** Schnecken, Weichwanze

**Ernte** Ernte bei etwa faustgroßer Knolle, treibt bei Überwinterung im Beet neu aus

**Tipps zur Verwendung** Fenchelkraut sollte nicht mit gedünstet oder gekocht werden, kann aber frisch als Gewürz verwendet werden.

Bohnenarten
Dill
Fenchel
Kohlarten
Mais
Pastinake
Ringelblume
Schnittlauch
Spinat

# Kartoffel

→ *Wurzeln & Knollen*

Aubergine
Erbse
Fenchel
Gurke
Kürbis
Paprika & Peperoni
Rote Bete
Salat
Selleriearten
Tomate
Zucchini

# Kartoffel

*Solanum tuberosum*

| | J | F | M | A | M | J | J | A | S | O | N | D |
|---|---|---|---|---|---|---|---|---|---|---|---|---|
| Vorzucht | | | ■ | ■ | ■ | | | | | | | |
| Freiland | | | | ■ | ■ | ■ | | | | | | |
| Ernte | | | | | | ■ | ■ | ■ | ■ | ■ | | |

**Pflanzenfamilie** Nachtschattengewächse *(Solanaceae)*

**Pflege** Kartoffelkäfer und -larven sofort absammeln, zusätzlich Rettich-Jauche oder Minz-Tee wöchentlich unter die Blätter sprühen

**Krankheiten und Schädlinge** Braunfäule, Knollenfäule, Krautfäule, Weichfäule, Schwarzfleckigkeit; Blattläuse, Kartoffelkäfer, Nematoden

**Ernte** Regelmäßiges Anhäufeln von Erde um die Pflanzen sorgt für reichere Ernte. Geerntet wird 2 bis 3 Wochen nachdem die Blätter braun und trocken geworden sind.

**Tipps zur Verwendung** Beim Dünsten oder Kochen mit Pelle bleiben Vitamine und Mineralstoffe am besten erhalten, Enzyme in der Pelle helfen bei der Verdauung.

Erdbeere

Gurke

Karotte

Paprika & Peperoni

Rote Bete

Salat

Tomate

Zwiebel & Schalotte

# Knoblauch

→ *Wurzeln & Knollen*

Bohnenarten

Dill

Erbse

Kohlarten

Lauch (Porree)

Petersilie

# Knoblauch

*Allium sativum*

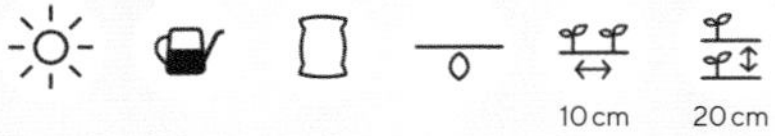


| | J | F | M | A | M | J | J | A | S | O | N | D |
|---|---|---|---|---|---|---|---|---|---|---|---|---|
| Vorzucht | | | | | | | | | | | | |
| Freiland | | | | | | | | | ■ | ■ | ■ | |
| Ernte | | | | | | ■ | ■ | ■ | | | | |

**Pflanzenfamilie** Lauchgewächse *(Alliaceae)*

**Pflege** Auf lockeren Boden ohne Staunässe achten, gedeiht am besten in mildem Klima (12 °C bis 24 °C) und leidet bei über 30 °C.

**Krankheiten und Schädlinge** Eckige Blattfleckenkrankheit, Falscher Mehltau, Grauschimmel, Latenter Knoblauchvirus, Rotfleckenkrankheit, Schwarzfleckenkrankheit, Zwiebel-Gelbstreifen-Virus; Stengelälchen, Zwiebelfliege

**Ernte** Zweijährig, Ernte jeweils erst im nächsten Jahr

**Tipps zur Verwendung** Für leichteres Schälen die Zehe mit einer Messerfläche zuvor leicht zerdrücken

Mangold

Radieschen & Rettich

Ringelblume

Rote Bete

Salat

Schnittlauch

Spinat

Süßkartoffel

Tomate

Zwiebel & Schalotte

Bohnenarten

Dill

Erbse

Kartoffel

Kohlarten

Lauch (Porree)

# Pastinake

→ *Wurzeln & Knollen*

Fenchel

Karotte

Petersilie

Sellerierarten

# Pastinake

*Pastinaca sativa*

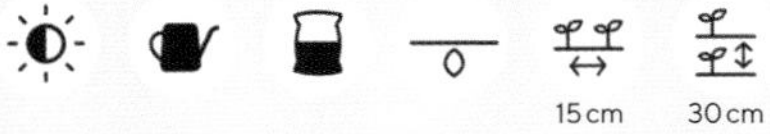


| | J | F | M | A | M | J | J | A | S | O | N | D |
|---|---|---|---|---|---|---|---|---|---|---|---|---|
| Vorzucht | | | | | | | | | | | | |
| Freiland | | | ■ | ■ | ■ | ■ | | | | | | |
| Ernte | ■ | ■ | ■ | | | | | | | ■ | ■ | ■ |

**Pflanzenfamilie** Doldenblütler *(Apiaceae)*

**Pflege** Staunässe unbedingt vermeiden!

**Krankheiten und Schädlinge** Eckige Blattfleckenkrankheit, Falscher Mehltau, Rotfleckenkrankheit, Schwarzfleckenkrankheit; Schnecken, Wühlmäuse

**Ernte** Zweijährig – im ersten Jahr nach langer Reifezeit erntbar, erst im zweiten Jahr in Blüte für die Saatgutgewinnung. Nach der Ernte ungewaschen in feuchtem Sand lagern für lange Haltbarkeit.

**Tipps zur Verwendung** Sehr gesund, roh wie gegart – unterstützt den Aufbau der Darmflora

Bohnenarten
Erbse
Erdbeere
Feldsalat
Kohlarten
Lauch (Porree)
Mangold
Karotte
Pastinake
Petersilie
Ringelblume
Salat
Schnittlauch
Spinat
Süßkartoffel
Tomate

# Radieschen & Rettich

→ *Wurzeln & Knollen*

Gurke
Rucola
Zucchini
Zwiebel & Schalotte

# Radieschen & Rettich

*Raphanus sativus*

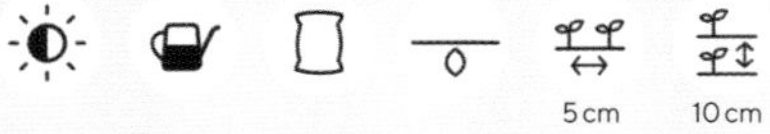


| | J | F | M | A | M | J | J | A | S | O | N | D |
|---|---|---|---|---|---|---|---|---|---|---|---|---|
| Vorzucht | | | | | | | | | | | | |
| Freiland | | | ■ | ■ | ■ | ■ | ■ | ■ | ■ | | | |
| Ernte | | | | | ■ | ■ | ■ | ■ | ■ | ■ | ■ | |

**Pflanzenfamilie** Kreuzblütler *(Cruciferae)*

**Pflege** Vor Trockenheit schützen – werden sonst holzig und sehr scharf! Ab -5 °C mit einem Vlies als Kälteschutz bedecken.

**Krankheiten und Schädlinge** Falscher Mehltau, Kohlhernie; Blattläuse, Erdflöhe, Kohlfliege, Schnecken

**Ernte** Am Nachmittag ernten um den Nitratgehalt zu reduzieren, rechtzeitig ernten, bevor die Blätter welk und die Knollen runzlig werden

**Tipps zur Verwendung** Sollten die Knollen doch zu scharf geraten sein, in Scheiben schneiden, leicht salzen und etwas stehen lassen, so werden sie milder. Frische Radieschenblätter sind ebenfalls essbar, z. B. als Salatzutat oder Pesto.

Kohlarten

Pastinake

Ringelblume

Rucola

Salat

Zucchini

Zwiebel & Schalotte

Bohnenarten

Bohnenkraut

Dill

Erdbeere

Gurke

Knoblauch

# Rote Bete

→ *Wurzeln & Knollen*

Aubergine

Kartoffel

Lauch (Porree)

Mais

Mangold

Karotte

Paprika & Peperoni

Petersilie

Schnittlauch

Spinat

Süßkartoffel

# Rote Bete

*Beta vulgaris* var. *conditiva*

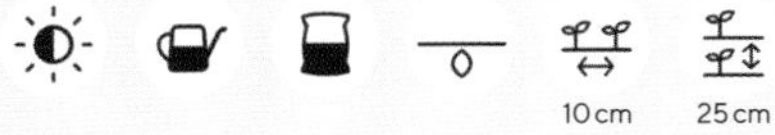


| | J | F | M | A | M | J | J | A | S | O | N | D |
|---|---|---|---|---|---|---|---|---|---|---|---|---|
| Vorzucht | | | | ■ | | | | | | | | |
| Freiland | | | | | ■ | ■ | ■ | | | | | |
| Ernte | | | | | | | | ■ | ■ | ■ | ■ | |

**Pflanzenfamilie** Fuchsschwanzgewächse *(Amaranthaceae)*

**Pflege** Vor Frost schützen, „schießt" sonst und bildet schnell Samenstände.

**Krankheiten und Schädlinge** Eckige Blattfleckenkrankheit, Falscher Mehltau, Rotfleckenkrankheit, Schwarzfleckenkrankheit; Rübenfliege

**Ernte** Fleckige Blätter signalisieren die Erntezeit. Nach der Ernte ungewaschen in feuchtem Sand lagern für lange Haltbarkeit.

**Tipps zur Verwendung** Wer den erdigen Geschmack nicht mag, kann ihn durch Kochen oder kurzes Einlegen in Essig neutralisieren.

Aubergine

Bohnenarten

Dill

Erbse

Erdbeere

Knoblauch

Kohlarten

Lauch (Porree)

Mangold

Paprika & Peperoni

Radieschen & Rettich

Ringelblume

Rucola

Salat

Schnittlauch

Spinat

Süßkartoffel

Tagetes

Tomate

Zucchini

Zwiebel & Schalotte

# Karotte

→ *Wurzeln & Knollen*

Pastinake

Petersilie

Rote Bete

# Karotte

*Daucus carota*

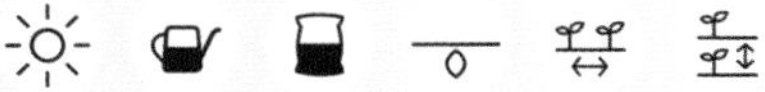

5 cm 30 cm

| | J | F | M | A | M | J | J | A | S | O | N | D |
|---|---|---|---|---|---|---|---|---|---|---|---|---|
| Vorzucht | | | | | | | | | | | | |
| Freiland | | | | ■ | ■ | ■ | | | | | | |
| Ernte | | | | | | | | ■ | ■ | ■ | ■ | |

**Pflanzenfamilie** Doldenblütler *(Apiaceae)*

**Pflege** Braucht in der Frühphase viel Aufmerksamkeit, Zwiebel-Jauche hält die Karottenfliege fern (1 × pro Monat)

**Krankheiten und Schädlinge** Karottenschwärze; Karottenfliege, Wurzelgallenälchen

**Ernte** Nach der Ernte ungewaschen in feuchtem Sand lagern für lange Haltbarkeit

**Tipps zur Verwendung** Mit hochwertigem Öl kombinieren für bessere Aufnahme von Karotinen

Bohnenarten
Erbse
Fenchel
Gurke
Kohlarten
Lauch (Porree)
Mangold
Ringelblume
Schnittlauch
Spinat
Tomate
Zucchini

# Knollensellerie

→ *Wurzeln & Knollen*

Dill
Kartoffel
Mais
Paprika & Peperoni
Pastinake
Petersilie
Rucola
Salat
Staudensellerie
Süßkartoffel

# Knollensellerie

*Apium graveolens* var. *rapaceum*

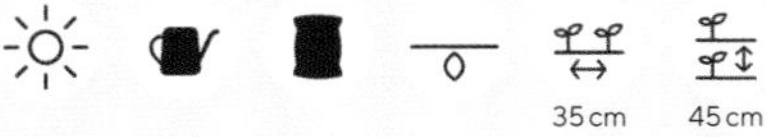


| | J | F | M | A | M | J | J | A | S | O | N | D |
|---|---|---|---|---|---|---|---|---|---|---|---|---|
| Vorzucht | | | ■ | ■ | | | | | | | | |
| Freiland | | | | | ■ | ■ | | | | | | |
| Ernte | | | | | | | | | | ■ | ■ | |

**Pflanzenfamilie** Doldenblütler *(Apiaceae)*

**Pflege** Fenchel am besten vorziehen, er mag es warm. Im Freien frühestens ab Mitte Mai aussäen und bei Bedarf zusätzlich mit Vlies oder Folie vor kühlen Nachttemperaturen schützen. Obere Wurzeln freilegen, wenn die Knolle die Größe einer Walnuss erreicht hat.

**Krankheiten und Schädlinge** Septoria-Blattfleckenkrankheit

**Ernte** Ernten, sobald die Temperaturen unter 4 °C fallen. Nach der Ernte ungewaschen in feuchtem Sand lagern für lange Haltbarkeit.

**Tipps zur Verwendung** Auf die Kochdauer achten (ca. 15 min) – zerfällt bei zu langem Kochen. Harmoniert gut mit Thymian, Estragon und Rosmarin.

Dill

Erdbeere

Feldsalat

Gurke

Knoblauch

Mangold

Karotte

Paprika & Peperoni

Pastinake

Petersilie

Rote Bete

Rucola

Salat

Tomate

Zucchini

# Zwiebel & Schalotte

→ *Wurzeln & Knollen*

Bohnenarten

Erbse

Kohlarten

Kürbis

Lauch (Porree)

Radieschen & Rettich

Schnittlauch

# Zwiebel & Schalotte

*Allium cepa, Allium ascalonicum*

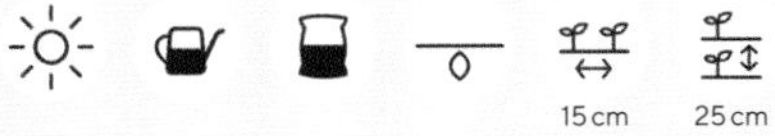


| | J | F | M | A | M | J | J | A | S | O | N | D |
|---|---|---|---|---|---|---|---|---|---|---|---|---|
| Vorzucht | ■ | ■ | ■ | | | | | | | | | |
| Freiland | | | ■ | ■ | | | | | | | | |
| Ernte | | | | | | ■ | ■ | ■ | ■ | ■ | | |

**Pflanzenfamilie** Lauchgewächse *(Alliaceae)*

**Pflege** Übersteht Trockenheit, doch für eine üppige Ernte besser regelmäßig gießen

**Krankheiten und Schädlinge** Drahtwürmer, Minierfliege, Stängelälchen, Thrips, Zwiebelfliege

**Ernte** Erntesignal: Blätter werden gelb und knicken ein. Frisch geerntete Zwiebeln bei Sonnenwetter ein paar Tage aufhängen und trocknen lassen. Trocken, kühl, dunkel und frei lagern – zur Unterdrückung schneller Keimung eine Scheibe Brot dazulegen.

**Tipps zur Verwendung** Tränen beim Schneiden lassen sich durch einen Schluck Wasser im Mund vermeiden. Ein feuchtes Schneidebrett hilft ebenfalls, oder die Zwiebeln vor dem Schneiden für 10 Minuten in Wasser legen.

Bohnenarten
Kohlarten
Mais
Mangold
Karotte

Pastinake
Radieschen & Rettich
Ringelblume
Salat
Spinat
Tagetes

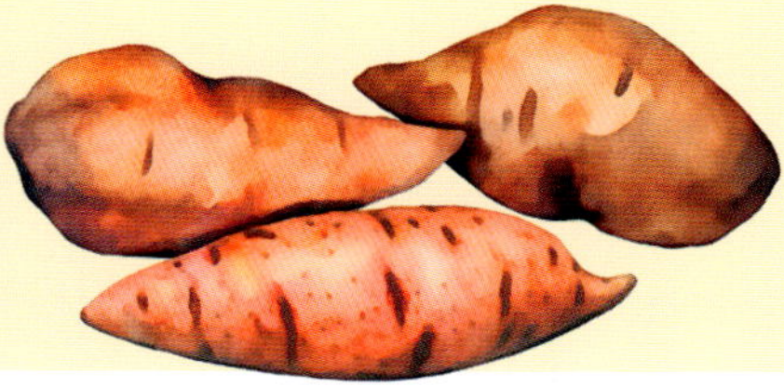

# Süßkartoffel

→ *Wurzeln & Knollen*

Aubergine
Erbse
Gurke
Kürbis

Rote Bete
Selleriearten
Tomate
Zucchini

# Süßkartoffel

*Ipomoea batatas*

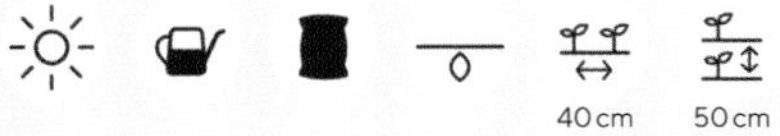


| | J | F | M | A | M | J | J | A | S | O | N | D |
|---|---|---|---|---|---|---|---|---|---|---|---|---|
| Vorzucht | | | | ■ | ■ | | | | | | | |
| Freiland | | | | | ■ | ■ | | | | | | |
| Ernte | | | | | | | | | ■ | ■ | ■ | |

**Pflanzenfamilie** Windengewächse *(Convolvulaceae)*

**Pflege** Verträgt absolut keinen Frost, frühestens ab Mitte Mai als komplette Knolle oder einzelne Sprösslinge ins Freie pflanzen. Da die Süßkartoffel zu Beginn sehr langsam wächst, kannst du sie z.B. mit Kohlrabi, Dicken Bohnen oder Salat unterpflanzen. So vermeidest du kahle Bodenflächen.

**Krankheiten und Schädlinge** Stängelfäule; Blattläuse, Nematoden, Schnecken, Wühlmäuse

**Ernte** Unbedingt vor dem ersten Frost ernten, stirbt sonst ab

**Tipps zur Verwendung** Für Chips oder Pommes die Süßkartoffeln vorher in Wasser einlegen – das entfernt überschüssige Stärke und macht das Ergebnis knuspriger.

Bohnenarten

Erdbeere

Fenchel

Kohlarten

Lauch (Porree)

Radieschen & Rettich

Rhabarber

Zwiebel & Schalotte

# Feldsalat

→ *Blattgemüse*

# Feldsalat

*Valerianella locusta*

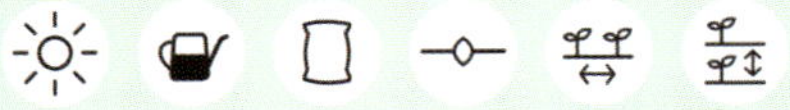


| | J | F | M | A | M | J | J | A | S | O | N | D |
|---|---|---|---|---|---|---|---|---|---|---|---|---|
| Vorzucht | | | | | | | | | | | | |
| Freiland | | | | | | | x | x | x | x | | |
| Ernte | x | x | x | | | | | | | x | x | x |

**Pflanzenfamilie** Geißblattgewächse *(Caprifoliaceae)*

**Pflege** Frostresistent bis –15 °C, kann in milden Zonen im Beet überwintern (eventuell mit Vlies abdecken)

**Krankheiten und Schädlinge** Falscher Mehltau; Blattläuse, Erbsenkäfer, Rübenfliege, Zikaden

**Ernte** Bildet bei viel Sonne mehr Blüten, daher Spätaussaat ab Juli – wenn die Zahl der Sonnenstunden bereits zurückgeht – für reiche Blatternte. Blattrosette kurz über der Wurzel abschneiden.

**Tipps zur Verwendung** Passt zu allen Arten von Gerichten, herzhaft wie süß

Aubergine
Bohnenarten
Bohnenkraut
Erbse
Erdbeere
Fenchel
Gurke
Knoblauch
Kohlarten
Kürbis
Lauch (Porree)
Mangold
Karotte
Paprika & Peperoni
Pastinake
Radieschen & Rettich
Rhabarber
Rote Bete
Spinat
Süßkartoffel
Tomate
Zucchini
Zwiebel & Schalotte

# Salat

→ *Blattgemüse*

Kartoffel
Petersilie
Selleriearten

# Salat

*Lactuca sativa*

20 cm 30 cm

| | J | F | M | A | M | J | J | A | S | O | N | D |
|---|---|---|---|---|---|---|---|---|---|---|---|---|
| Vorzucht | | | x | x | x | x | x | x | | | | |
| Freiland | | | x | x | x | x | x | x | x | | | |
| Ernte | | | | x | x | x | x | x | x | x | x | |

**Pflanzenfamilie** Korbblütler *(Asteraceae)*

**Pflege** Weniger ist mehr – keine Jauche verwenden oder generell überdüngen, wird sonst bitter

**Krankheiten und Schädlinge** Falscher Mehltau; Blattläuse, Erdflöhe, Schnecken

**Ernte** Kann dauerhaft geerntet werden, wenn man nur einzelne, äußere Blätter pflückt.

**Tipps zur Verwendung** Ein kurzes Bad in kaltem Wasser macht schlappe Salatblätter wieder knackig.

Aubergine

Erdbeere

Fenchel

Kohlarten

Lauch (Porree)

Mais

Karotte

Paprika & Peperoni

Radieschen & Rettich

Rhabarber

Rote Bete

Tomate

Zwiebel & Schalotte

# Rucola

→ *Blattgemüse*

Petersilie

Radieschen & Rettich

Selleriearten

# Rucola

*Eruca vesicaria*

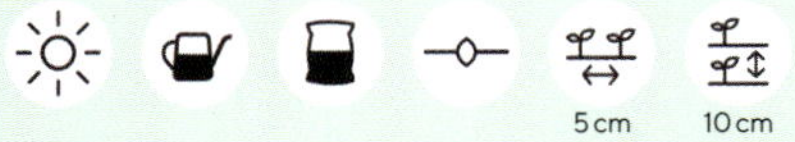


| | J | F | M | A | M | J | J | A | S | O | N | D |
|---|---|---|---|---|---|---|---|---|---|---|---|---|
| Vorzucht | | ■ | ■ | ■ | ■ | ■ | ■ | ■ | ■ | ■ | | |
| Freiland | | | ■ | ■ | ■ | ■ | ■ | ■ | ■ | ■ | ■ | |
| Ernte | | | | ■ | ■ | ■ | ■ | ■ | ■ | ■ | ■ | ■ |

**Pflanzenfamilie** Kreuzblütler *(Cruciferae)*

**Pflege** Außerordentlich unkompliziert zu kultivieren, braucht nur etwas Sonne und Wasser.

**Krankheiten und Schädlinge** Erdflöhe

**Ernte** Rechtzeitig ernten: wird mit der Blüte bitter. Geschmack wird intensiver mit zunehmender Blattgröße.

**Tipps zur Verwendung** Ergibt allein einen sehr würzigen Salat oder kann für milderen Geschmack mit anderen Salaten gemischt werden. Rucola passt auch sehr gut zu Pasta und auf Pizza (nach dem Backen auflegen).

Basilikum

Bohnenkraut

Kohlarten

Karotte

Pastinake

Radieschen & Rettich

Ringelblume

Salat

Selleriearten

Stangen- & Buschbohne

Süßkartoffel

Zwiebel & Schalotte

# Mangold

→ *Blattgemüse*

Rote Bete

Spinat

# Mangold

*Beta vulgaris*

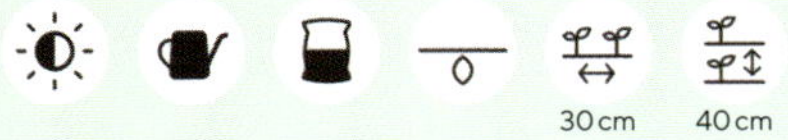


| | J | F | M | A | M | J | J | A | S | O | N | D |
|---|---|---|---|---|---|---|---|---|---|---|---|---|
| Vorzucht | | | ■ | ■ | ■ | ■ | ■ | | | | | |
| Freiland | | | | ■ | ■ | ■ | ■ | ■ | | | | |
| Ernte | | | | | | | ■ | ■ | ■ | ■ | | |

**Pflanzenfamilie** Fuchsschwanzgewächse *(Amaranthaceae)*

**Pflege** Verträgt leichten Frost, ab –5 °C mit einem Vlies als Kälteschutz bedecken. Maximal 2 Jahre nacheinander auf der gleichen Fläche anbauen und dann 3 bis 4 Jahre pausieren. Nach Mangold keine anderen Fuchsschwanzgewächse pflanzen (siehe Pflanzenfamilie).

**Krankheiten und Schädlinge** Falscher Mehltau; Blattläuse, Rübenfliege

**Ernte** Wenn nur die äußeren Blätter entfernt werden und danach gegossen wird, kann vielfach geerntet werden.

**Tipps zur Verwendung** Schmeckt (auch roh) fantastisch mit Salz, Pfeffer, Zitrone und Muskatnuss. Stängel können mitgegessen werden, sollten aber leicht blanchiert werden.

Aubergine

Bohnenarten

Erbse

Erdbeere

Gurke

Kartoffel

Kohlarten

Lauch (Porree)

Mais

Karotte

Pastinake

Radieschen & Rettich

Rhabarber

Salat

Schnittlauch

Selleriearten

Süßkartoffel

Tomate

# Spinat

→ *Blattgemüse*

Mangold

Rote Bete

# Spinat

*Spinacia oleracea*

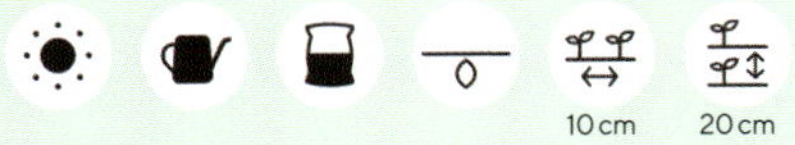


| | J | F | M | A | M | J | J | A | S | O | N | D |
|---|---|---|---|---|---|---|---|---|---|---|---|---|
| Vorzucht | | | | | | | | | | | | |
| Freiland | | | ■ | ■ | ■ | | | | | | | |
| Ernte | | | | ■ | ■ | ■ | ■ | | | | | |

**Pflanzenfamilie** Fuchsschwanzgewächse *(Amaranthaceae)*

**Pflege** Verträgt leichten Frost, ab –5 °C mit einem Vlies als Kälteschutz bedecken. Maximal 2 Jahre nacheinander auf der gleichen Fläche anbauen und dann 3 bis 4 Jahre pausieren. Nach Spinat keine anderen Fuchsschwanzgewächse pflanzen (siehe Pflanzenfamilie).

**Krankheiten und Schädlinge** Falscher Mehltau; Rübenfliege, Schnecken

**Ernte** Bis zu viermal erntbar, spät am Tag ernten für einen geringeren Nitratgehalt

**Tipps zur Verwendung** Gut durch Einfrieren haltbar zu machen – dazu kurz blanchieren, damit die Blätter zusammenfallen

Dill

Erdbeere

Feldsalat

Fenchel

Gurke

Kohlarten

Karotte

Pastinake

Petersilie

Radieschen & Rettich

Rucola

Salat

Selleriearten

Spinat

Tagetes

Tomate

Zucchini

# Lauch (Porree)

→ *Blattgemüse*

Bohnenarten

Erbse

Knoblauch

Rote Bete

Schnittlauch

Zwiebel & Schalotte

# Lauch (Porree)

*Allium ampeloprasum* var. *porrum*

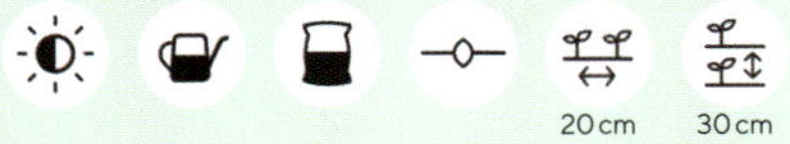


| | J | F | M | A | M | J | J | A | S | O | N | D |
|---|---|---|---|---|---|---|---|---|---|---|---|---|
| Vorzucht | | | ■ | ■ | | | | | | | | |
| Freiland | | | | ■ | ■ | | | | | | | |
| Ernte | | | | | | | | | | ■ | ■ | ■ |

**Pflanzenfamilie** Lauchgewächse *(Alliaceae)*

**Pflege** Am besten vorziehen und umpflanzen, wenn die Pflänzchen bleistiftdick sind

**Krankheiten und Schädlinge** Grauschimmel; Nematoden, Zwiebelfliege

**Ernte** Reihen mit Erde anhäufeln, um weiße, glatte Stangen zu ernten

**Tipps zur Verwendung** Vollständig essbar, roh und gegart – nur holzige und trockene Bestandteile wegschneiden

Bohnenarten
Erbse
Feldsalat
Kohlarten
Rucola
Salat
Spinat

# Rhabarber

→ *Staudengemüse*

# Rhabarber

*Rheum rhabarbarum*

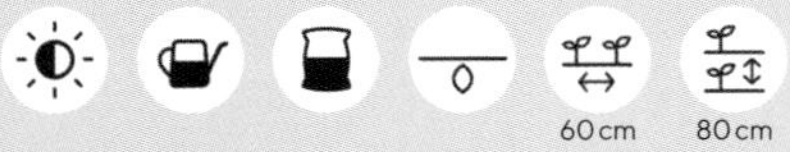


| | J | F | M | A | M | J | J | A | S | O | N | D |
|---|---|---|---|---|---|---|---|---|---|---|---|---|
| Vorzucht | | | | ■ | ■ | | | | | | | |
| Freiland | | | | | ■ | ■ | ■ | | | | | |
| Ernte | | | | ■ | ■ | ■ | | | | | | |

**Pflanzenfamilie** Knöterichgewächs *(Polygonaceae)*

**Pflege** Für die Vermehrung einzelne Wurzeln abschneiden und neu einpflanzen. Erste Blüten entfernen, um das Wachstum zu fördern.

**Krankheiten und Schädlinge** Eckige Blattfleckenkrankheit, Rotfleckenkrankheit, Schwarzfleckenkrankheit; Wurzelgallenälchen

**Ernte** Wird erst ab dem zweiten Jahr geerntet. Kann über mehrere Jahre geerntet werden – jedoch jeweils nur bis Mitte Juni, später enthält Rhabarber zu viel giftige Oxalsäure!

**Tipps zur Verwendung** Aromatisch, jungen Rhabarber einfach schälen, kochen und etwas zuckern

Mangold

Ringelblume

Schnittlauch

Spinat

Tomate

Zucchini

Bohnenarten

Erbse

Fenchel

Gurke

Kohlarten

Lauch (Porree)

# Staudensellerie

→ *Staudengemüse*

Kartoffel

Mais

Karotte

Paprika &
Peperoni

Pastinake

Petersilie

Rucola

Salat

Süßkartoffel

Wurzelsellerie

# Staudensellerie

*Apium graveolens* var. *dulce*

| | J | F | M | A | M | J | J | A | S | O | N | D |
|---|---|---|---|---|---|---|---|---|---|---|---|---|
| Vorzucht | | x | x | x | | | | | | | | |
| Freiland | | | | | x | x | | | | | | |
| Ernte | | | | | | | x | x | x | x | | |

**Pflanzenfamilie** Doldenblütler *(Apiaceae)*

**Pflege** Frostempfindlich und anspruchsvoll, liebt salzige und kalkhaltige Böden. Für milderen Geschmack 3 Wochen vor der Ernte mit einer Papiertüte umwickeln (Chlorophyll-Abbau).

**Krankheiten und Schädlinge** keine

**Ernte** Kann durchgängig geerntet werden, treibt wieder aus, solange die unterirdischen Pflanzenteile nicht beschädigt werden.

**Tipps zur Verwendung** Getrennt von Äpfeln, Birnen und Avocados lagern. Harmoniert beim Kochen gut mit Thymian, Estragon und Rosmarin.

Aubergine
Bohnenarten
Dill
Erbse
Feldsalat
Fenchel
Gurke
Kartoffel
Lauch (Porree)
Mangold
Karotte
Paprika & Peperoni
Pastinake
Radieschen & Rettich
Rhabarber
Ringelblume
Rote Bete
Rucola
Salat
Selleriearten
Spinat
Süßkartoffel
Tomate

# Blumenkohl & Brokkoli

→ *Kohlgemüse*

andere Kohlarten
Erdbeere
Fenchel
Knoblauch
Schnittlauch
Zwiebel & Schalotte

# Blumenkohl & Brokkoli

*Brassica oleracea* var. *botrytis*, *Brassica oleracea* var. *italica*

45 cm 60 cm

| | J | F | M | A | M | J | J | A | S | O | N | D |
|---|---|---|---|---|---|---|---|---|---|---|---|---|
| Vorzucht | | | ■ | ■ | ■ | | | | | | | |
| Freiland | | | | ■ | ■ | ■ | | | | | | |
| Ernte | | | | | | | ■ | ■ | ■ | ■ | | |

**Pflanzenfamilie** Kreuzblütler *(Cruciferae)*

**Pflege** Maximal 2 Jahre nacheinander auf der gleichen Fläche anbauen und dann 3 bis 4 Jahre pausieren. Macht sonst den Boden müde und anfällig für spezielle Kohlkrankheiten. Nach Blumenkohl und Brokkoli keine anderen Kreuzblütler pflanzen (siehe Pflanzenfamilie).

**Krankheiten und Schädlinge** Kohlhernie, Weichfäule; Kohldrehherzmücke, Kohlfliege, Kohlweißling

**Ernte** Keine Eile: Blumenkohl und Brokkoli sind frostresistent bis –12 °C, in milden Zonen ist eine Ernte im Winter und sogar Frühjahr möglich.

**Tipps zur Verwendung** Wenn du Blumenkohl im Ganzen kochen möchtest, lege ihn vor dem Kochen für 30 Minuten in Wasser mit einem Schluck Essig und einer Prise Salz, um eventuell vorhandene kleine Insekten zwischen den Röschen zu vertreiben.

Aubergine

Bohnenarten

Dill

Erbse

Feldsalat

Gurke

Kartoffel

Lauch (Porree)

Mangold

Karotte

Paprika & Peperoni

Pastinake

Petersilie

Radieschen & Rettich

Rhabarber

Ringelblume

Rote Bete

Rucola

Sellerienarten

Spinat

Süßkartoffel

Tomate

# Grünkohl

→ *Kohlgemüse*

andere Kohlarten

Erdbeere

Fenchel

Knoblauch

Zwiebel & Schalotte

# Grünkohl

*Brassica oleracea* var. *sabellica*

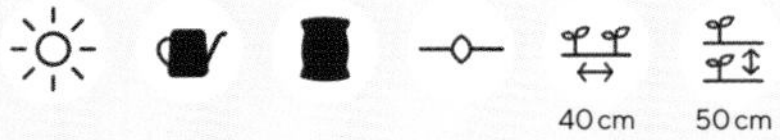


| | J | F | M | A | M | J | J | A | S | O | N | D |
|---|---|---|---|---|---|---|---|---|---|---|---|---|
| Vorzucht | | | | ■ | ■ | ■ | ■ | ■ | | | | |
| Freiland | | | | | | ■ | ■ | ■ | ■ | | | |
| Ernte | ■ | ■ | ■ | | | | | | | ■ | ■ | ■ |

**Pflanzenfamilie** Kreuzblütler *(Cruciferae)*

**Pflege** Maximal 2 Jahre nacheinander auf der gleichen Fläche anbauen und dann 3 bis 4 Jahre pausieren. Macht sonst den Boden müde und anfällig für spezielle Kohlkrankheiten. Nach Grünkohl keine anderen Kreuzblütler pflanzen (siehe Pflanzenfamilie).

**Krankheiten und Schädlinge** Echter Mehltau, Kohlhernie; Kohlfliege, Kohlweißling, Nematoden, Weiße Fliege, Wurzelgallenälchen

**Ernte** Frosthart, kann im Herbst & Winter geerntet werden – Kälte macht den Geschmack sogar milder

**Tipps zur Verwendung** Wenn die Blätter zu rau und kratzig sind, mit Olivenöl und grobem Salz sanft kneten – wenn kochen, dann nur kurz!

Aubergine
Bohnenarten
Dill
Erbse
Feldsalat
Gurke
Kartoffel
Lauch (Porree)
Mangold
Karotte
Paprika & Peperoni
Pastinake
Radieschen & Rettich
Rhabarber
Ringelblume
Rote Bete
Rucola
Salat
Schnittlauch
Selleriearten
Spinat
Süßkartoffel
Tomate

# Kohlrabi

→ *Kohlgemüse*

andere Kohlarten
Erdbeere
Fenchel
Knoblauch
Zwiebel & Schalotte

# Kohlrabi

*Brassica oleracea* var. *gongylodes*

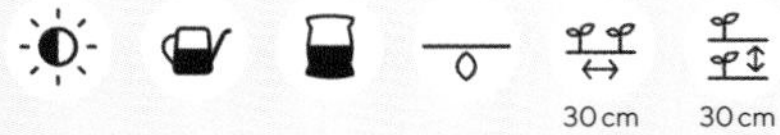


| | J | F | M | A | M | J | J | A | S | O | N | D |
|---|---|---|---|---|---|---|---|---|---|---|---|---|
| Vorzucht | | x | x | x | x | x | | | | | | |
| Freiland | | | x | x | x | x | x | | | | | |
| Ernte | | | | | x | x | x | x | x | x | | |

**Pflanzenfamilie** Kreuzblütler *(Cruciferae)*

**Pflege** Maximal 2 Jahre nacheinander auf der gleichen Fläche anbauen und dann 3 bis 4 Jahre pausieren. Macht sonst den Boden müde und anfällig für spezielle Kohlkrankheiten. Nach Kohlrabi keine anderen Kreuzblütler pflanzen (siehe Pflanzenfamilie).

**Krankheiten und Schädlinge** Falscher Mehltau; Kohlweißling

**Ernte** Kurze Anbaudauer und schnelle Ernte – gute Vor-, Zwischen und Nachkultur. Knolle kann in jeder Größe geerntet und gegessen werden.

**Tipps zur Verwendung** Liefert roh mehr Mineralstoffe und Vitamine, zarte Blätter sind essbar und lecker

Aubergine
Bohnenarten
Dill
Erbse
Feldsalat
Gurke
Kartoffel
Lauch (Porree)
Mangold
Karotte
Paprika & Peperoni
Pastinake
Radieschen & Rettich
Rhabarber
Ringelblume
Rote Bete
Rucola
Salat
Schnittlauch
Selleriearten
Spinat
Süßkartoffel
Tomate

# Weiß- & Rotkohl

→ *Kohlgemüse*

Erdbeere
Fenchel
Knoblauch
Kohlarten
Zwiebel & Schalotte

# Weiß- & Rotkohl

*Brassica oleracea* var. *capitata*

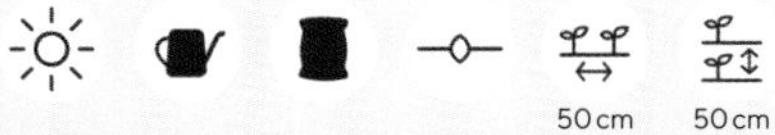


| | J | F | M | A | M | J | J | A | S | O | N | D |
|---|---|---|---|---|---|---|---|---|---|---|---|---|
| Vorzucht | | | | x | x | | | | | | | |
| Freiland | | | | | x | x | | | | | | |
| Ernte | | | | | | | | | x | x | x | |

**Pflanzenfamilie** Kreuzblütler *(Cruciferae)*

**Pflege** Maximal 2 Jahre nacheinander auf der gleichen Fläche anbauen und dann 3 bis 4 Jahre pausieren. Macht sonst den Boden müde und anfällig für spezielle Kohlkrankheiten. Nach Weiß- und Rotkohl keine anderen Kreuzblütler pflanzen (siehe Pflanzenfamilie).

**Krankheiten und Schädlinge** Kohlhernie; Kohlfliege, Kohlweißling

**Ernte** Bis spät in den Herbst und sogar Winter erntbar. In einem trockenen und kühlen Keller gelagert, hält sich Weiß- und Rotkohl monatelang – gut für den Wintervorrat. Im Kühlschrank sind es etwa drei Wochen.

**Tipps zur Verwendung** Als Sauerkraut zubereitet noch länger haltbar. Fantastisches Wintergemüse fürs Auffüllen der Nährstoff- und Vitaminspeicher.

Dill
Fenchel
Gurke
Kohlarten
Kürbis
Mais
Karotte
Pastinake
Radieschen & Rettich
Rhabarber
Rote Bete
Salat
Selleriearten
Spinat
Zucchini

# Erbse

→ *Hülsenfrüchte*

Aubergine
Bohnenarten
Kartoffel
Knoblauch
Lauch (Porree)
Paprika & Peperoni
Schnittlauch
Süßkartoffel
Tomate
Zwiebel & Schalotte

# Erbse

*Pisum sativum*

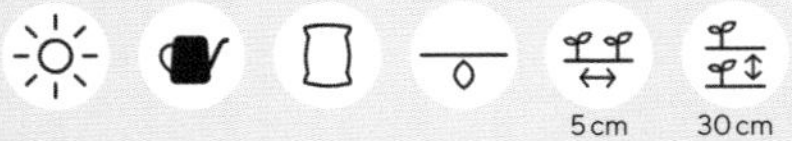


| | J | F | M | A | M | J | J | A | S | O | N | D |
|---|---|---|---|---|---|---|---|---|---|---|---|---|
| Vorzucht | | | | | | | | | | | | |
| Freiland | | | ■ | ■ | ■ | ■ | | | | | | |
| Ernte | | | | | | ■ | ■ | ■ | ■ | | | |

**Pflanzenfamilie** Hülsenfrüchtler *(Fabaceae)*

**Pflege** Frühe Aussaat (Kältereiz) ist vorteilhaft für die Keimung. Staunässe unbedingt vermeiden. Am besten jedes Jahr an eine andere Stelle im Beet pflanzen. Erbsen reichern den Boden mit Stickstoff an. Pflanzen, die nach den Erbsen dort wachsen dürfen, freuen sich über die Nährstoffe.

**Krankheiten und Schädlinge** Echter Mehltau, Erbsenrost; Erbsenkäfer, Erbsenwickler

**Ernte** Unmittelbar vor dem Verzehr ernten – früh als Schote oder spät als reife Erbse

**Tipps zur Verwendung** Für besseres Aroma in Salzwasser kochen – aber nicht zu lang!

Basilikum

Bohnenkraut

Dill

Feldsalat

Kartoffel

Gurke

Kohlarten

Kürbis

Mais

Karotte

Paprika & Peperoni

Pastinake

Petersilie

Radieschen & Rettich

Rhabarber

Rote Bete

Salat

Selleriearten

Spinat

Süßkartoffel

Tagetes

Tomate

Zucchini

# Ackerbohne

→ *Hülsenfrüchte*

andere Bohnenarten

Erbse

Fenchel

Knoblauch

Lauch (Porree)

Schnittlauch

Zwiebel & Schalotte

# Ackerbohne

*Vicia faba*

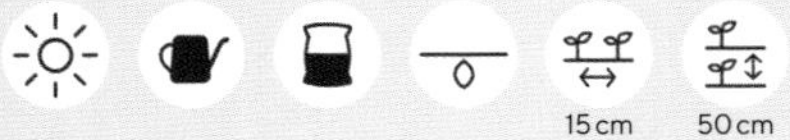


| | J | F | M | A | M | J | J | A | S | O | N | D |
|---|---|---|---|---|---|---|---|---|---|---|---|---|
| Vorzucht | | | | | | | | | | | | |
| Freiland | | | ■ | ■ | | | | | | | | |
| Ernte | | | | | | ■ | ■ | | | | | |

**Pflanzenfamilie** Hülsenfrüchtler *(Fabaceae)*

**Pflege** Kältereiz fördert die Keimfähigkeit – daher früh und tief aussäen, sonst anspruchslos und stickstoffbindend

**Krankheiten und Schädlinge** Brennfleckenkrankheit; Ackerbohnenkäfer, Blattrandkäfer, Schnecken, Schwarze Bohnenlaus

**Ernte** Etwa drei Monate nach der Aussaat, sobald die einzelnen Bohnen etwa daumennagelgroß sind. Bei trockenem Wetter ernten!

**Tipps zur Verwendung** Eine Nacht einweichen und gut durchkochen, sonst sind sie giftig! Salbei macht Bohnen leichter verdaulich.

Basilikum

Bohnenkraut

Dill

Feldsalat

Gurke

Kartoffel

Kohlarten

Kürbis

Mais

Mangold

Karotte

Paprika & Peperoni

Pastinake

Petersilie

Radieschen & Rettich

Rhabarber

Rote Bete

Salat

Selleriearten

Spinat

Süßkartoffel

Tagetes

Tomate

Zucchini

# Stangen- & Buschbohne

→ *Hülsenfrüchte*

Ackerbohne

Erbse

Fenchel

Knoblauch

Lauch (Porree)

Schnittlauch

Zwiebel & Schalotte

# Stangen- & Buschbohne

*Phaseolus vulgaris*

10 cm 20 cm

| | J | F | M | A | M | J | J | A | S | O | N | D |
|---|---|---|---|---|---|---|---|---|---|---|---|---|
| Vorzucht | | | | | | | | | | | | |
| Freiland | | | | | ■ | ■ | | | | | | |
| Ernte | | | | | | | ■ | ■ | ■ | ■ | | |

**Pflanzenfamilie** Hülsenfrüchtler *(Fabaceae)*

**Pflege** Wuchshöhe bis zu 3 Meter, benötigt Rankhilfen für maximalen Ertrag

**Krankheiten und Schädlinge** Grauschimmel; Blattläuse, Schnecken

**Ernte** Durch regelmäßiges Ernten (jede Woche) lässt sich der Ertrag erhöhen

**Tipps zur Verwendung** Eine Nacht einweichen und gut durchkochen, sonst sind sie giftig! Salbei macht Bohnen leichter verdaulich.

Aubergine
Bohnenarten
Erdbeere
Fenchel
Gurke
Kürbis
Mangold
Paprika & Peperoni
Petersilie
Tomate
Zucchini

# Basilikum

→ *Kräuter & Blumen*

Bohnenkraut

# Basilikum

*Ocimum basilicum*

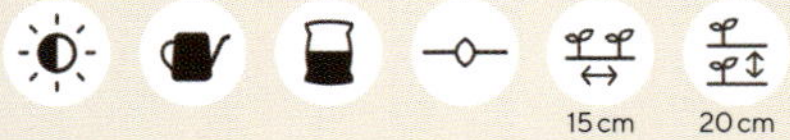


| | J | F | M | A | M | J | J | A | S | O | N | D |
|---|---|---|---|---|---|---|---|---|---|---|---|---|
| Vorzucht | | | ■ | ■ | ■ | ■ | | | | | | |
| Freiland | | | | | ■ | ■ | | | | | | |
| Ernte | | | | | ■ | ■ | ■ | ■ | ■ | ■ | | |

**Pflanzenfamilie** Lippenblütler *(Lamiaceae)*

**Pflege** Kälte- und hitzeempfindlich – vor zu viel direkter Sonne schützen und mehrjährige Sorten im Haus überwintern

**Krankheiten und Schädlinge** Blattläuse, Schnecken, Zikaden

**Ernte** Am besten laufend ernten, dann wird es schön buschig. Wichtig: immer knapp über einer Blattverzweigung abzupfen.

**Tipps zur Verwendung** Hilft sowohl gegen Völlegefühl als auch Appetitlosigkeit

Bohnenarten

Mangold

Paprika & Peperoni

Petersilie

Rote Bete

Salat

# Bohnenkraut

→ *Kräuter & Blumen*

Basilikum

# Bohnenkraut

*Satureja* spec.

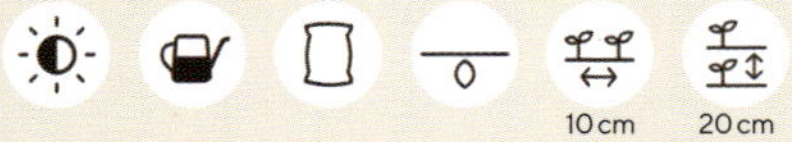


| | J | F | M | A | M | J | J | A | S | O | N | D |
|---|---|---|---|---|---|---|---|---|---|---|---|---|
| Vorzucht | | | | x | x | x | | | | | | |
| Freiland | | | | | x | x | x | | | | | |
| Ernte | | | | | | x | x | x | x | x | | |

**Pflanzenfamilie** Lippenblütler *(Lamiaceae)*

**Pflege** Sehr trockenheitsresistent – trotzdem bevorzugt leicht feucht halten. Bohnenkraut hält Läuse von Bohnen fern.

**Krankheiten und Schädlinge** Falscher Mehltau, Grauschimmel; Blattläuse, Grüner Schildkäfer, Zikaden

**Ernte** In ganzen Zweigen knapp über dem Boden abschneiden

**Tipps zur Verwendung** Was der Name verspricht: Lecker zu Bohnen – doch auch zu Erbsen, Linsen und Kartoffeln

Lauch (Porree)

Karotte

Paprika & Peperoni

Pastinake

Rote Bete

Schnittlauch

Zucchini

Zwiebel & Schalotte

Aubergine

Bohnenarten

Erbse

Gurke

Kartoffel

Kohlarten

# Dill

→ *Kräuter & Blumen*

Fenchel

Knoblauch

Kürbis

Petersilie

Wurzelsellerie

# Dill

*Anethum graveolens*

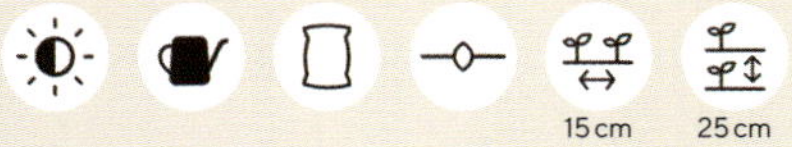


| | J | F | M | A | M | J | J | A | S | O | N | D |
|---|---|---|---|---|---|---|---|---|---|---|---|---|
| Vorzucht | | | | ■ | | | | | | | | |
| Freiland | | | | | ■ | | | | | | | |
| Ernte | | | | | ■ | ■ | ■ | ■ | ■ | ■ | | |

**Pflanzenfamilie** Doldenblütler *(Apiaceae)*

**Pflege** Windgeschützte Position gegen Abknicken der Stängel, regelmäßige Bewässerung wichtig

**Krankheiten und Schädlinge** Nematoden, Wurzelgallenälchen

**Ernte** Laufend erntbar, einfach die Triebspitzen abzupfen

**Tipps zur Verwendung** Vielseitiges Gewürz, passt zu allem - von Salaten bis Fisch und Fleisch

Aubergine

Fenchel

Gurke

Kartoffel

Kohlarten

Kürbis

Mais

Mangold

Karotte

Paprika & Peperoni

Pastinake

Radieschen & Rettich

Rote Bete

Selleriearten

Süßkartoffel

Tomate

Zucchini

# Ringelblume

→ *Kräuter & Blumen*

# Ringelblume

*Calendula officinalis*

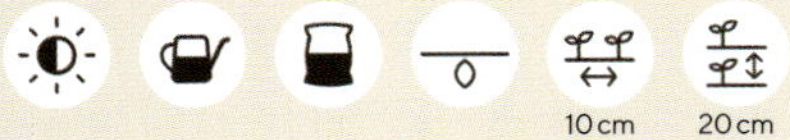


| | J | F | M | A | M | J | J | A | S | O | N | D |
|---|---|---|---|---|---|---|---|---|---|---|---|---|
| Vorzucht | | | | | | | | | | | | |
| Freiland | | | | | ■ | ■ | | | | | | |
| Ernte | | | | | | ■ | ■ | ■ | ■ | ■ | ■ | |

**Pflanzenfamilie** Korbblütler *(Asteraceae)*

**Pflege** Kälteempfindlich, doch sonst anspruchslos. Durch das Abknipsen verwelkter Blüten wird das Wachstum neuer Blütenstiele gefördert. Ringelblumen fördern das Wachstum anderer Pflanzen.

**Krankheiten und Schädlinge** Echter & Falscher Mehltau, Eckige Blattfleckenkrankheit, Rotfleckenkrankheit, Schwarzfleckenkrankheit; Blattläuse, Schnecken

**Ernte** Bei trockenem Wetter ernten, speziell wenn du sie nicht sofort verwenden, sondern trocknen möchtest.

**Tipps zur Verwendung** Junge Blüten sind essbar und eine tolle Salatdeko, Tee aus getrockneten Blüten ist lecker, Ringelblumensalbe ein Klassiker.

Paprika & Peperoni

Radieschen & Rettich

Tagetes

Tomate

Zucchini

Zwiebel & Schalotte

Basilikum

Bohnenarten

Bohnenkraut

Erdbeere

Gurke

Lauch (Porree)

# Petersilie

→ *Kräuter & Blumen*

Dill

Fenchel

Knoblauch

Karotte

Pastinake

Rote Bete

Rucola

Salat

Sellerietarten

# Petersilie

*Petroselinum crispum*

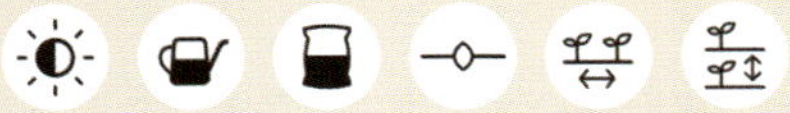


| | J | F | M | A | M | J | J | A | S | O | N | D |
|---|---|---|---|---|---|---|---|---|---|---|---|---|
| Vorzucht | | ■ | ■ | ■ | ■ | ■ | ■ | | | | | |
| Freiland | | | ■ | ■ | ■ | ■ | ■ | ■ | | | | |
| Ernte | | | | ■ | ■ | ■ | ■ | ■ | ■ | ■ | ■ | ■ |

**Pflanzenfamilie** Doldenblütler *(Apiaceae)*

**Pflege** Gedeiht nicht gut auf verkrusteten Böden, geeignet als Untersaat, d. h. als ergänzender Lückenfüller zwischen größeren Pflanzen. Anbaupause von 3 bis 4 Jahren auf der gleichen Fläche einhalten.

**Krankheiten und Schädlinge** Eckige Blattfleckenkrankheit, Falscher Mehrtau, Rotfleckenkrankheit, Schwarzfleckenkrankheit; Wurzelgallenälchen

**Ernte** Ab der Blüte nicht mehr essbar, Samen entwickeln Gifte!

**Tipps zur Verwendung** Erst nach dem Kochen hinzufügen, Aromastoffe vertragen keine hohen Temperaturen

Pastinake

Radieschen & Rettich

Sellerieaerten

Spinat

Tomate

Weiß- & Rotkohl

Dill

Erdbeere

Gurke

Kartoffel

Kohlrabi

Karotte

# Schnittlauch

→ *Kräuter & Blumen*

Blumenkohl & Brokkoli

Bohnenarten

Erbse

Lauch (Porree)

Rote Bete

Zwiebel & Schalotte

# Schnittlauch

*Allium schoenoprasum*

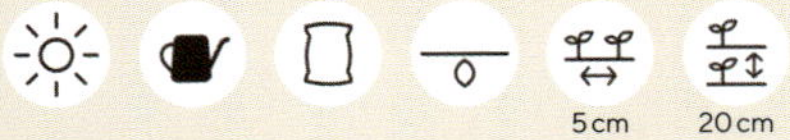


| | J | F | M | A | M | J | J | A | S | O | N | D |
|---|---|---|---|---|---|---|---|---|---|---|---|---|
| Vorzucht | | | x | x | x | | | | | | | |
| Freiland | | | | x | x | x | | | | | | |
| Ernte | | | | x | x | x | x | x | x | x | x | |

**Pflanzenfamilie** Lauchgewächse *(Alliaceae)*

**Pflege** Pflanzen im Herbst oder Frühjahr teilen, neu einpflanzen und auf 5 cm trimmen

**Krankheiten und Schädlinge** keine

**Ernte** Von März bis Oktober dauerhaft erntbar, auf 2 cm schneiden

**Tipps zur Verwendung** Nicht hacken, sondern mit Messer oder Küchenschere zu Röllchen schneiden

Bohnenarten

Erdbeere

Gurke

Lauch (Porree)

Karotte

Paprika & Peperoni

Petersilie

Tomate

Süßkartoffel

# Tagetes

→ Kräuter & Blumen

# Tagetes

*Tagetes*

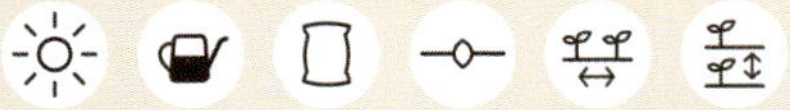


| | J | F | M | A | M | J | J | A | S | O | N | D |
|---|---|---|---|---|---|---|---|---|---|---|---|---|
| Vorzucht | | ■ | ■ | ■ | | | | | | | | |
| Freiland | | | | | ■ | ■ | ■ | | | | | |
| Ernte | | | | | | | ■ | ■ | ■ | ■ | | |

**Pflanzenfamilie** Korbblütler *(Asteraceae)*

**Pflege** Anspruchslos, aber kälteempfindlich. Fördert und schützt das Wachstum von Nachbarpflanzen und hilft gegen Bodenmüdigkeit.

**Krankheiten und Schädlinge** Grauschimmel; Schnecken

**Ernte** Nicht alle Sorten sind genießbar, auf die Sortenbeschreibung achten!

**Tipps zur Verwendung** Lakritz-Tagetes sind eine tolle Salatbeigabe – zumindest für alle, die Lakritzgeschmack mögen.